U0597475

设计体验

高嵬　王海涛　著

四川大学出版社

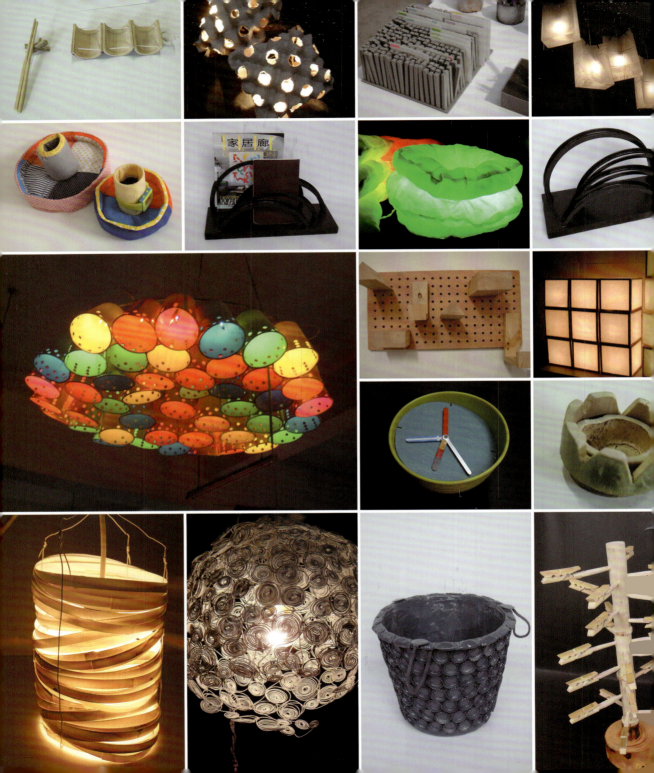

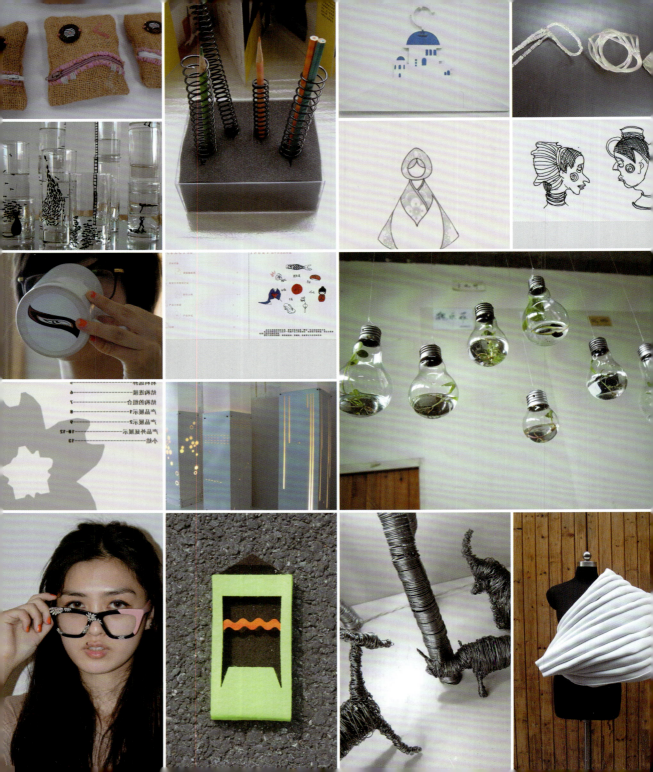

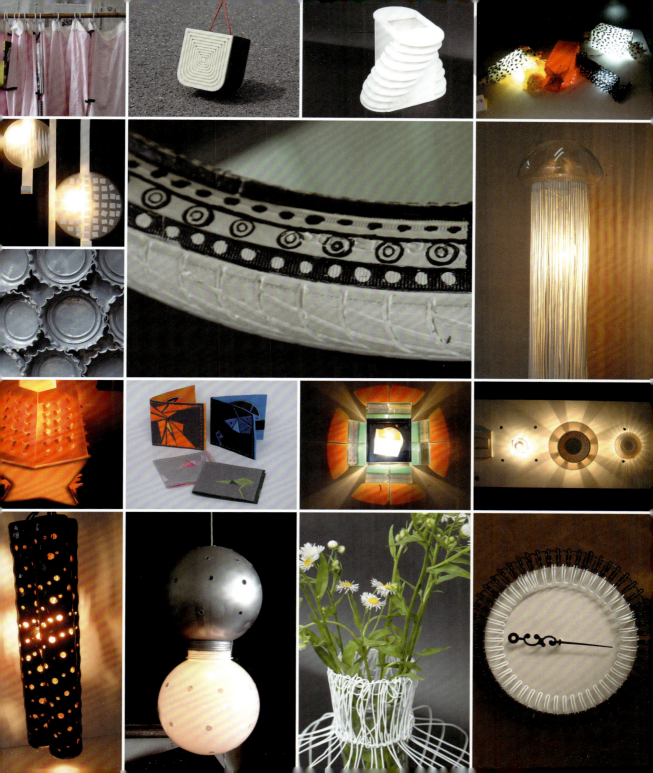

目录

概述　"设计体验"课程的教学研究与思考

　　"设计体验"课程是中国美术学院专业基础教学部设计分部本科一年级教学的终端课程。该课程为时三周，共 60 课时，是本科教学中的短期课程，但却是尤为重要的一门课程。

　　我们将本课程设置在本科一年级的终端，并布置给学生一项含有功能的概念设计作为作业。学生在完成设计的过程中，必须串联起一年教学中所有的知识点，并运用已掌握的造型语汇，由此体验设计流程与方法。学生经过启发达到对知识点的融会贯通，才能充分理解前置基础课与未来专业设计之间的关系和衔接。我们的教学目的在于强调设计的共同基础、思维方法与流程的学习，使学生今后能够理性地选择专业方向。

　　通过合理安排课程，能够正确引导学生掌握概念设计的基本方法，同时体验设计活动的基本流程。首先，学生从了解需求方的设计要求开始，带着问题到市场进行调研和考察，也学会在自己周围熟悉的生活中寻找和发现设计的原型或是形态元素。继而运用视觉思维与形象思维相结合的方法展开形态联想，进行形态演变和形式推导等方面的思考和图像表述（即草图）。最后通过各种组合方式逐渐获得可展开造型设计的形态，从而结合产品的使用功能和人机关系的合理需求，以及该产品的基本结构的要求，进行产品外观造型、内部结构及使用功能三者完美结合的设计。

　　具体的设计流程如下：

一、选题的确定

1. 课程之初，首要任务是设定选题，选题的优劣决定着三周工作的成败。那么学生如何正确选题和引发设计？这需要教师的引导。教师既要给予学生自由发挥的空间，同时又要将选题控制在学生能力的范围之内。教师可以建议选题的范围，让学生能快速地切入主题，进而找到合适的选题。比如从功能上做出限定，给出设计一款灯具的选题；或者限定产品材料为塑水管；也可以从色彩方面给出范围，从国旗的色彩出发设计一个产品。学生要在限定的条件下启发灵感，找到感兴趣的元素，然后确定选题。

2. 确定好设计主题之后，要对所选对象进行深入的了解。观察和分析对象是确保选定的元素完美呈现在设计中的前提。只有深入了解对象，才能抓住其本质与特征，从而把握设计的方向。例如某同学选择了"印度"作为设计主题，但是"印度"蕴含的元素众多，可以从政治、经济和文化等诸多方面介入思考，三者细分之下又会有多个分支和类别，面对数量可观的元素群，只有深入地分析对象之后，才能从中选出最适合的设计原型。

3. 提取元素。这里还是以"印度"这一主题为例，学生选择了印度的国鸟——孔雀为原型，再进一步提取出孔雀的羽毛这一自然元素，并在创作表现上开始探讨可能性。这时教师要鼓励学生非常宽泛与自由地进行创作，从形状、体积、明暗、空间、

肌理、质感、色调、平面、立体、形态全方位地对元素进行探索与挖掘，让学生充满创造的乐趣，带着乐趣将基本元素演绎出多样的可能性。

4. 从需求考虑，选择载体。需求是整个设计活动的出发点，教师的任务在于引导学生去思考如何设计出符合需求的作品。关注人们的生活行为方式，包括衣、食、住、行、赏、玩、游等方面，这是了解需求的重要途径。设计活动中存在五个"w"，即"what"、"who"、"when"、"where"、"why"，其中"what"为设计元素的载体；"who"代表为谁设计，这需要考虑使用者的年龄、性格、喜好以及经济实力；"when"是指使用产品的时间，产品的使用功能与审美功能应纳入考量；"where"则是使用产品的场合，因使用场合不同对产品的造型、款式、材料、颜色、肌理、质感必然有特定的要求；"why"并非简单地指设计的原因，需要进行市场竞争的调查，了解同类产品的发展情况，从而对设计进行定位。经过以上多个角度的深入了解，可以确定载体，同时对类似

的顶级设计师的优秀案例进行考察。通过以上四个步骤，第一周的任务基本完成，在多次讨论课中，学生展示了所搜集的资料和思考的结果，通过讨论确定了设计方案的基本方向。

二、方案的制作

1.图形的设计。这一步可将二维课所学的基础知识灵活运用。继续前面的例子，学生从孔雀羽毛这一自然形元素中提取出一种几何形，以此为基础的构成形式就是抽象形态的构成，即以点、线、面等构成元素，按照一定的构成规律进行几何形态的多种排列组合。这样的排列组合分为规律性和非规律性两种。其中，规律性的组合如重复、近似、渐变等，其视觉效果具有节奏感、运动感、进深感、整齐划一的视觉效果。非规律性的组合如对比、集结、肌理、变异等，其视觉效果具有张力和运动感，组合比较自由。

2.图形的应用。受到载体尺寸、颜色、材质和工艺的限制，已设计完成的图形在具体的应用中会遭遇到很多问题。

例如有同学选择了三种应用载体：马克杯、方盘和圆盘，首先要把设计的图形应用到长方形、正方形和圆形中去，这涉及二维课中构图以及图底关系的知识。接着在制作过程中还会遇到热转印的问题，所以成本预算与加工费用必须被考虑进来。如果所设计产品需要进入工房用机器加工或激光精雕等，则还需考虑加工的时间和难度。这些问题都是一年级学生容易忽略的，教师在这个阶段的指导很重要。

第二周要基本完成方案制作。在课时允许的情况下，教师可以穿插一个与载体有关的应用练习，帮助学生理解图形与应用载体的关系。学生找到一些和自己设计方案适用的载体图片，再通过 protoshop 软件把图形快速地植入虚拟载体，这样可以直观地看到应用载体的实际效果，感受和认识设计方案的优劣，并及时地调整方案，同时对设计方案有更全面的认识。

三、方案的展示

第三周的任务是为作品拍照，整理文案并制作一份折页文本或展板。学生可以从中自由选择一种方式来展示自己的作品。事实上，折页文本和展板的排版侧重有所不同。折页文本可以按照方案形成的过程来安排，将资料搜集、主题确定、元素提取、图形设计、载体选择、市场调查、产品三视图、文字说明、产品展示这些内容全部编排在内，如同产品宣传册一般。此外有能力的同学还可以用文字的形式做推介与营销策略计划，分析在使用设计过程中人与器物的各种关系——人机关系的具体设计。这需要增添大量资料查阅的工作，对此可以不做硬性规定，作为附加值评分。展板的制作则要显得简明扼要。文字说明、方案手稿、作品展示照片这三部分就足以说明问题。

课程尾声并非作品的单纯展示，我们将学生的作品，包括实物、文本、图版、速写本一一展示出来，并且让学生在自己陈列的作品面前介绍创作的过程，梳理三周以来的思考过程、制作过程，及时地做出总结与评价，陈列和演示的好处在于避免学生盲目地完成课程作业。

学生在"设计体验"课程中遭遇设计、发现问题、解决应答、尝试错误，深入体验设计活动的形式和方法，最终启发设计思维，真正体会设计活动的创造性意义。在此过程中，教师应鼓励学生宽泛自由地选题，但落点要明确、朴实、简单。通过这三周的课程，教师要培养起学生善于观察生活的能力，从周遭生活或经典设计案例中发现那些美的、有意义的形态或造型，灵活运用造型手段和二维形态组合的方法，进行设计思考与形态演化，使之转化成为设计造型，从而获得设计的原型，并可由此发展为较为理想的合理、美观的产品造型，作出原创设计。

中国美术学院设计基础教学部
高崼

成果展示

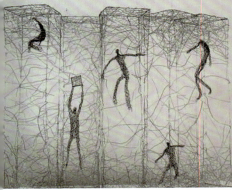

公元12—15世纪
伊费

诺克文化

公元19世纪 女性像

公元16—17世纪 王后头像

公元14世纪末—15世纪初
贝宁

公元17世纪 贝宁
乐师

公元12—15世纪 西非大陆

公元14—16世纪 西非大陆

国王 公元17世纪
贝宁

公元16世纪 贝宁
侍者

公元9世纪末 非洲中部

加蓬

邓如　非洲人物头像灯具概念设计

左上：资料搜集　　　右页：实物
左下：设计草图

稻草灯饰概念设计

5班 张姝颖 3110200111
指导老师：高崟

稻草做的灯饰，灵感来源于土家族的舞蹈毛古斯，取自然和谐，绿色环保的理念，整个灯饰的材料都是未经过处理的稻草，结合铁丝缠绕，弯曲，作成自己想要的造型，稻草灯饰的成本低廉，制作简单，适用于多种场合多种环境。

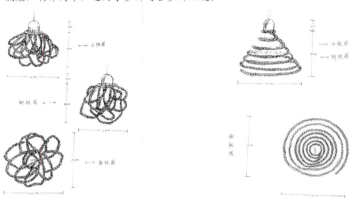

张姝颖 稻草灯饰概念设计

左页：方案的展示   右页：设计草图

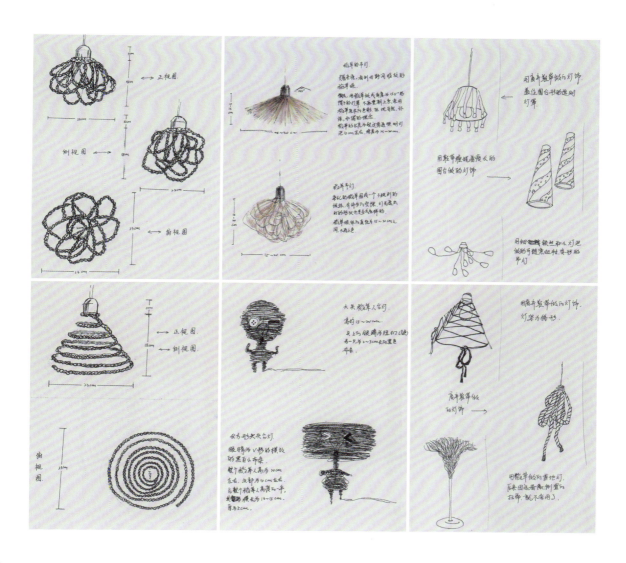

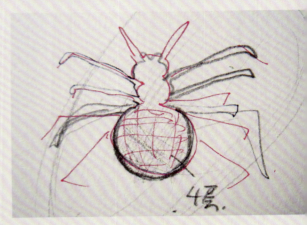

4层

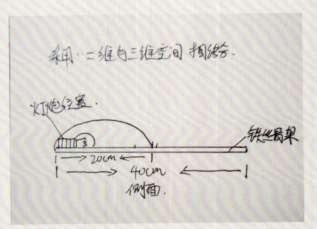

采用:二维与三维空间相结合.

火炮罩装置.

铁丝骨架

20cm

40cm

侧面.

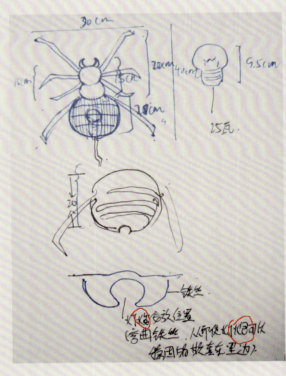

30 cm

15cm

20cm 40cm

9.5cm

15cm

18cm

25瓦.

20

铁丝.

火炮安放装置
(弯曲铁丝,从而使灯泡可以
稳固的放在里边)

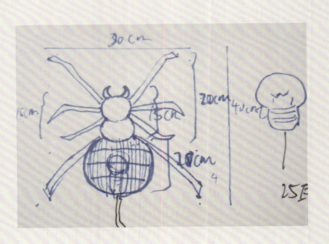

30cm

15cm

20cm 40cm

15cm

18cm

25瓦

设计草图

李钊 灯具概念设计

材料的选择：

铁丝（容易弯曲，适宜做蜘蛛壁灯的骨架）

纱网（用来做蜘蛛壁灯的灯罩）

废旧的自行车零件（作为蜘蛛壁灯的装饰 增加趣味性与装饰性）

没错，它就是属于自行车上的……

钢圈

制作过程：

将钢圈周围打孔，这些孔分大小，大孔出来的光线射近处，小孔出来的光线射远处...

利用黑漆装饰它...

胶水的辅助让钢圈和裸灯完美结合...

是它，就是它，一个蠢蠢欲动的想法引发的小设计：

何鹏飞 灯具概念设计

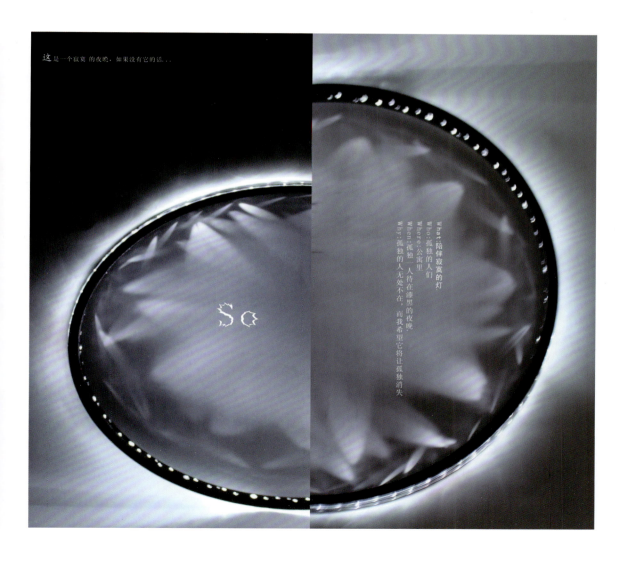

这是一个寂寞的夜晚，如果没有它的话...

So

What:陪伴寂寞的灯
Who:孤独的人们
Where:公寓里
When:孤独一人待在漆黑的夜晚
Why:孤独的人无处不在，而我希望它将让孤独消失

黄云春 灯具设计

左上：设计草图　右页：实物
左下：制作过程

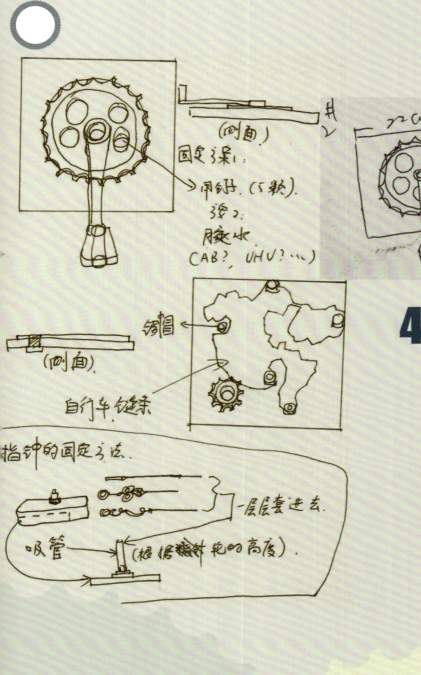

2

○

(侧面)

固定方案1:
→用钉. (5颗).
方案2:
胶水
CAB? UHU?...

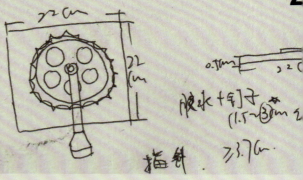

22cm
22cm
0.7mm
22cm
胶水+钉子
(1.5~3cm 2...)
描针. ≥3.7cm

4#

(侧面).

铆帽 ←

自行车链条

指针的固定方法.

吸管 → (根据指针轮的高度).

一层层套进去.

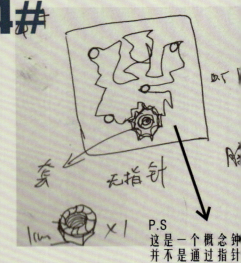

套 ← 无指针

1cm X1

P.S
这是一个概念钟
并不是通过指针
(左图)每颗螺帽
当红色链条转动
即代表该时间点
即通过红色链条

P.P.S
它的转动是由
链轮转动带动链条转
(假想链轮可以转

P.P.P.S
红色链条:
链条中的某一节被涂

刘艳　钟表概念设计

左页：设计草图　　　右页：设计手册

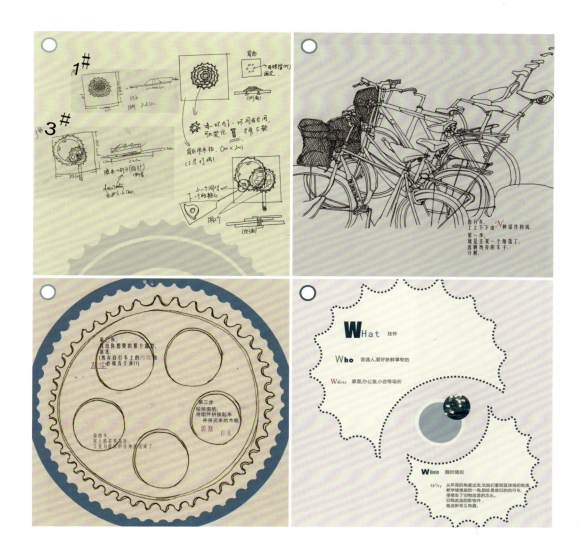

材料:
木板,钅
螺帽,虫

Ab胶,
机芯。

左页：设计草图　　　右页：设计手册

这是一组以"循环可再生"为理念的设计作品，利用环保材料对生活中常见的载体进行设计。在设计过程中力求品质感，并使环保概念深入人心。这是一种对待生活与社会有责任感的体现。

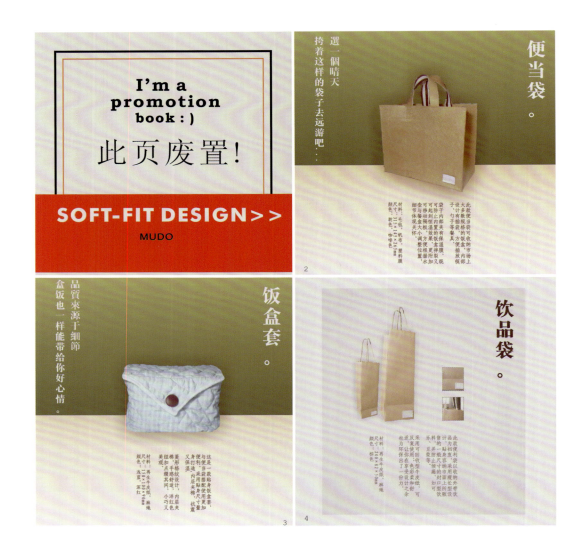

陈千伊 RECYCLE LIFE
章赟赟

左页：设计手册　　　右页：设计手册

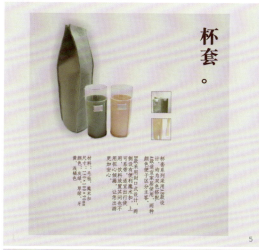

杯套。

材料：毛毡、魔术贴
尺寸：150×100×0mm
颜色：黄颜色、浅绿色、草绿、平

杯套系列采用双款设计，采用毛毡本色原始的设计，颜色便于生活设计分主要。两种

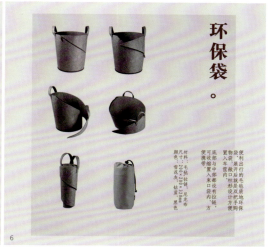

环保袋。

材料：毛毡、拉链、尼龙布
尺寸：200×200×310mm
颜色：雪花灰、钴蓝、黑色

便利出行的毛毡原始色环保袋，展开后就是双把手购置入车篮内，敞口设计便于收缩的,柱形设计更便携的方

5   6

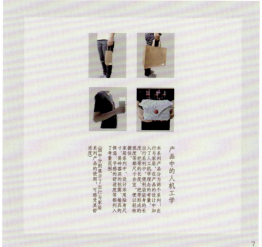

产品中的人机工学

本系列产品分为两个出入行了系列,产品在产品设计中加入系列"行李"的设计理念,把都带的尺寸长,便于保温，易量

RECYCLE'S FINE
soft fit design

制作室

recycle life以循环作为理念,从舒适的视觉体验入手,通过柔和的八十年代色彩带给你舒适的感受生活细节之美，当recycle life相结合,世界便少了一份污染,多了一份轻松,一起感受这一份的感动

7   9

金怡秀　环保手提袋概念设计

左上：资料搜集　　右页：实物
左下：设计草图

通过对法国国旗色彩元素的提取，结合自己最喜欢的法国甜点——马卡龙为创意来源，对手提袋进行概念设计。在设计过程中，需要学会提取元素以及对点、线、面、体积、色彩、形态等全方面感知能力的挖掘。

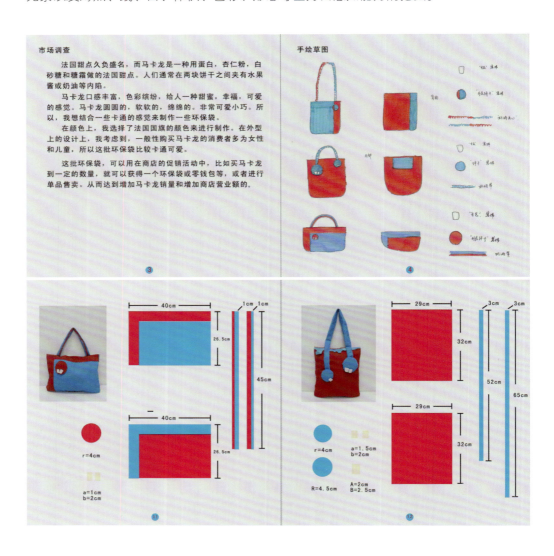

市场调查

　　法国甜点久负盛名，而马卡龙是一种用蛋白，杏仁粉，白砂糖和糖霜做的法国甜点。人们通常在两块饼干之间夹有水果酱或奶油等内陷。
　　马卡龙口感丰富，色彩缤纷，给人一种甜蜜，幸福，可爱的感觉。马卡龙圆圆的，软软的，绵绵的。非常可爱小巧。所以，我想结合一些卡通的感觉来制作一些环保袋。
　　在颜色上，我选择了法国国旗的颜色来进行制作。在外型上的设计上，我考虑到，一般性购买马卡龙的消费者多为女性和儿童，所以这批环保袋比较卡通可爱。

　　这批环保袋，可以用在商店的促销活动中，比如买马卡龙到一定的数量，就可以获得一个环保袋或零钱包等，或者进行单品售卖。从而达到增加马卡龙销量和增加商店营业额的。

手绘草图

叶嘉楠　马卡龙环保袋概念设计

制作过程

⑤

⑥

成品照片

⑦

⑧

在学习的过程中，可以尝试 3~4 人一个小组，共同完成资料调研、市场分析等环节。但在设计过程中，每个人又需要独立地完成设计。这是一组以西瓜为元素的概念设计。

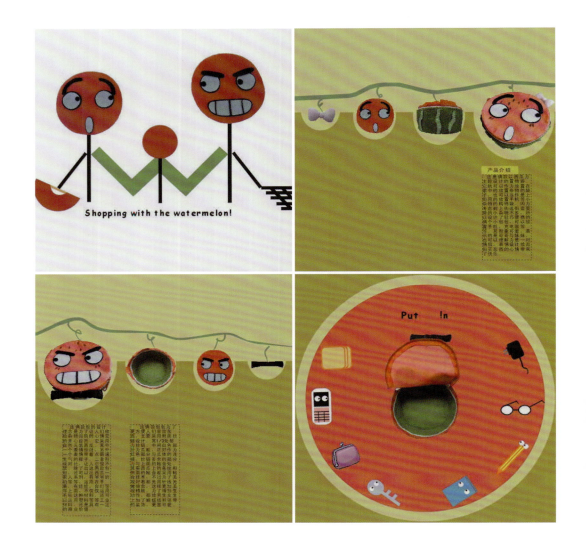

倪晓慧　西瓜置物袋概念设计

在相同的主题中寻找不同的切入点，是学生学习拓展思路与思维方式的一个手段。在这个过程中，通过团队合作，也可以使学生学会处理人与人之间、专业与专业之间的协作关系，很好地锻炼沟通与适应能力。

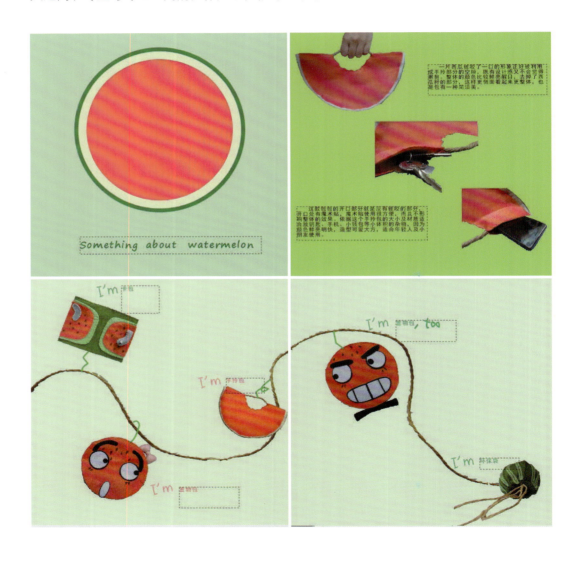

叶晔 西瓜置物袋概念设计

在这组作品里，学生需要把之前所学习的二维知识、色彩知识以及关于三维的材料知识充分结合起来，把握好色彩搭配上的空间问题以及材料运用的问题。

刘倩 毛毡与拉链的结合设计

甜美糖果单肩包

六瓣花型灯罩

青春的糖果色块包包

包包色块的分布

现代图书设计

高44厘米
宽36厘米
厚07厘米

这是一名整体能力很强的同学，在资料调研、元素分析、设计草图、动手制作等几个环节中都有较好的体现。在文本整合上，也可以比较完善地把设计全过程展示出来，并具备较好的文字分析能力。

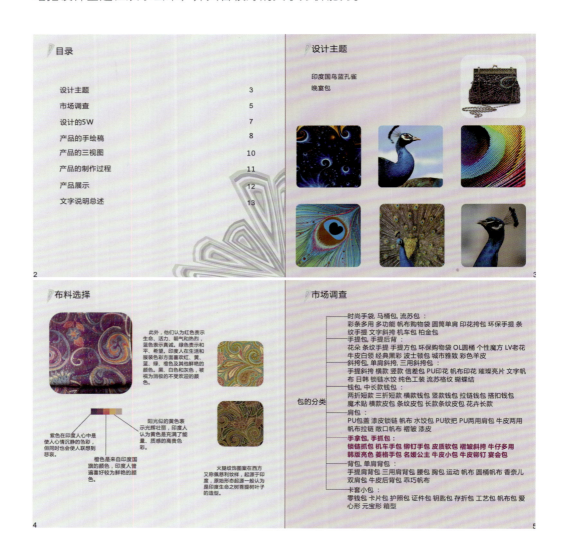

目录

2

设计主题

印度国鸟蓝孔雀
晚宴包

3

布料选择

此外，他们认为红色表示生命、活力、朝气和热烈，蓝色表示真诚，绿色表示和平、希望，黄色是充满了能量、质感的高贵色彩。印度人在生活和服装色彩方面喜欢红、黄、蓝、绿、橙色及其他鲜艳的颜色。黑、白色和灰色，被视为消极的不受欢迎的颜色。

紫色在印度人心中是使人心情沉静的色彩，但同时也会使人联想到悲哀。

橙色是来自印度国旗的颜色，印度人普遍喜好较为鲜艳的颜色。

阳光似的黄色表示光辉壮丽，印度人认为黄色是充满了能量、质感的高贵色彩。

火腿纹饰图案在西方又称佩兹利纹样，起源于印度，原始形态起源一般认为是印度生命之树菩提树叶子的造型。

4

市场调查

时尚手袋，马桶包，流苏包：
彩条多用 多功能 帆布购物袋 圆筒单肩 印花挎包 环保手提 条纹手提 文字斜挎 机车包 柏金包

手提包，手提后背：
花朵 纹女手提 手提方包 环保购物袋 OL圆桶 个性魔方 LV老花 牛皮白领 经典黑彩 波士顿包 城市雅致 彩色羊皮

斜挎包，单肩斜挎，三用斜挎包：
手提斜挎 横款 竖款 信差包 PU印花 帆布印花 璀璨亮片 文字帆布 日韩 锁链水饺 纯色工装 流苏格纹 蝴蝶结

钱包，中长款钱包：
两折短款 三折短款 横款钱包 竖款钱包 拉链钱包 搭扣钱包 魔术贴 横款皮包 条纹皮包 长款条纹皮包 花卉短款

肩包：
PU包盖 漆皮锁链 帆布 水饺包 PU软把 PU两用肩包 牛皮两用 帆布拉链 敞口帆布 褶皱 漆皮

手拿包，手抓包：
锁链抓包 机车手包 铆钉手包 皮质软包 褶皱斜挎 牛仔多用 韩版亮色 姜格手包 名媛公主 牛皮小包 牛皮铆钉 宴会包

肩背单肩背包：
手提肩背包 三用肩背包 腰包 胸包 运动 帆布 圆桶帆布 香奈儿 双肩包 牛皮后背包 乖巧帆布

卡套小包：
零钱包 卡片包 护照包 证件包 钥匙包 存折包 工艺包 帆布包 爱心形 元宝形 箱型

包的分类

5

张心馨 PEACOCK 晚宴包概念设计

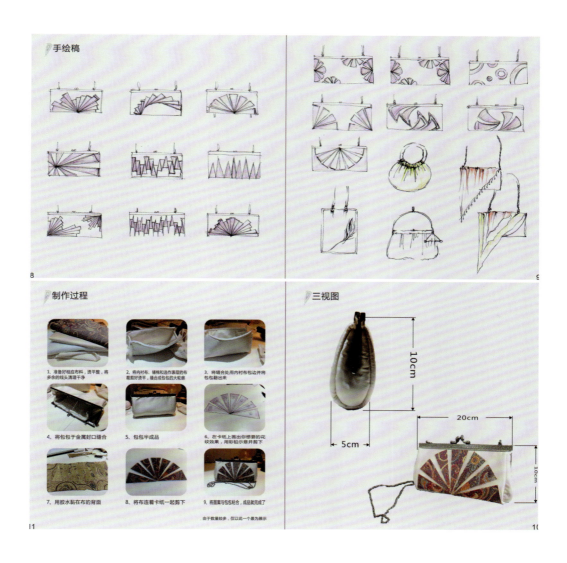

手绘稿

制作过程

1、准备好相应布料，烫平整，将多余的线头清理干净

2、将内衬布、铺棉和造作裹层的布裹剪好烫平，缝合成包包的大轮廓

3、将缝合处用内衬布包边并将包包翻出来

4、将包包于金属封口缝合

5、包包半成品

6、在卡纸上面出你想要的花纹效果，用彩铅示意并将剪下

7、用胶水黏在布的背面

8、将布连着卡纸一起剪下

9、将图案与包包黏合，成品就完成了

由于数量较少，仅以此一个为展示

三视图

10cm

5cm

20cm

10cm

课程之初，最重要的任务是设定选题。选题的好坏决定了这三周工作的成败。这里，教师尽量让学生有一定的"自由度"，主题可以很大，可以很小，也可以是课间闲暇时的一点小乐趣……设计源于生活！

FRANCE

RELAX LIFE

主题设计

材料收集

手绘草图

手提袋

李奕 黑白棋手提袋概念设计

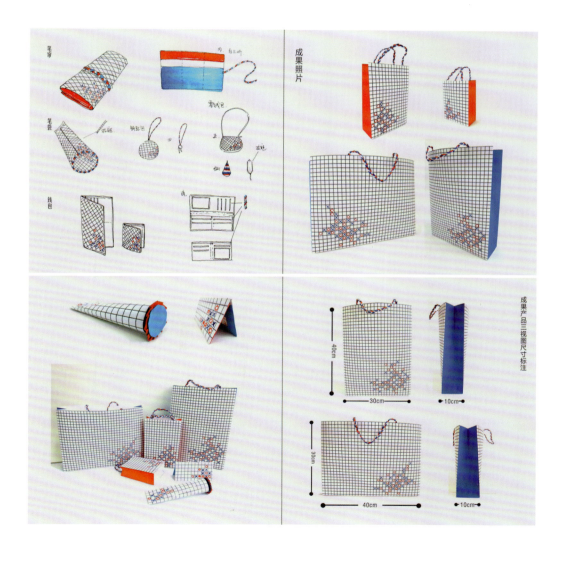

这是一组两人合作完成的设计作品，分别对首饰与配件进行概念设计。她们从花朵中提取元素，并对自然形态做进一步的提炼。通过对形态的多种排列组合达到节奏感、韵律感、进深感及整齐划一的视觉效果。

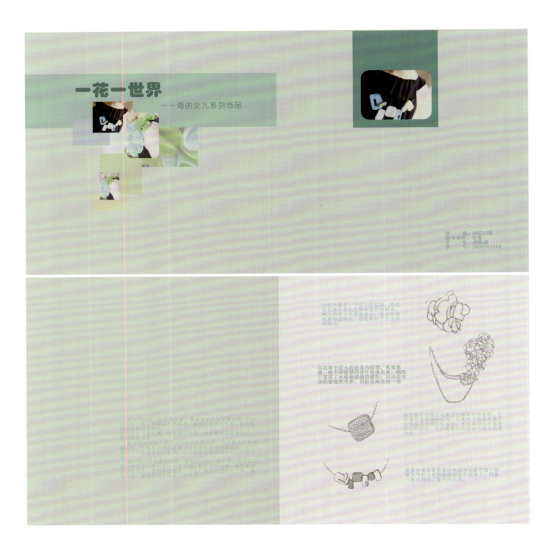

胡陈晨　海的女儿系列饰品设计

发箍

戒指

戒指

耳环

一花一世界

系列饰品

此系列作品采用水蓝、天蓝、浅绿蓝海洋色系的颜色给人以凉爽、清新的感觉,并加以亮片修饰,在阳光的照耀下有点点闪亮,适合派对、海边、郊游等场合.是夏季最应景饰品的首选.

作者:09饰品绢丝雕

绳丝毛 一花一世界

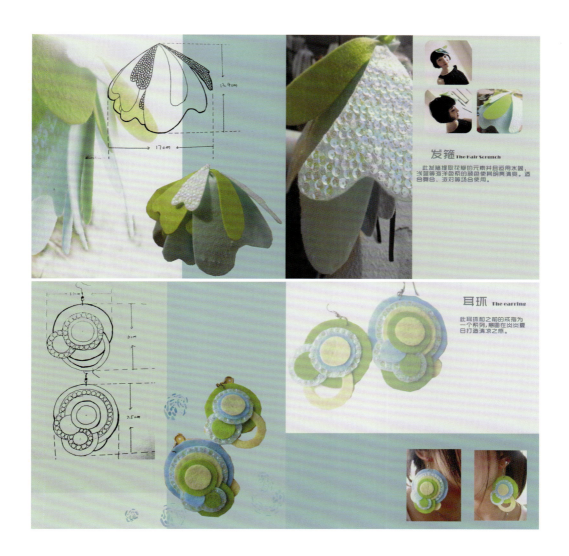

发箍 The Hair Scrunch

此发箍提取花瓣的元素并且运用水晶，
浅层蓝海洋色系的颜色使其明亮清爽。适
合舞台、派对等场合使用。

耳环 The earring

此耳环和之前的戒指为
一个系列，意图在炎炎夏
日打造清凉之感。

日本的"白无垢"花嫁，
结白而圣神圣，给人以一种
光明美好的印象，女子静坐
的姿态让我联想到床边
静静发光的明灯。

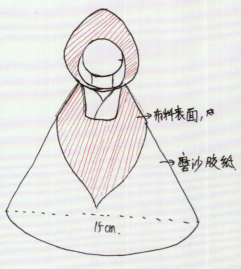

→布料表面。化
→磨砂胶纸。
15cm.

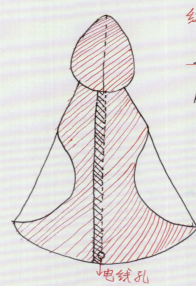

红色的区域用布料覆盖

先用纸用模型，再把定形
的纸 拟开 做为模板铺
在材质上剪裁。

问题1.缝接处的问题
①用老师提议的形状做
　丝带。
②用布料遮掩。
2.底座跟灯淘宝上有
现成的。

→电线孔

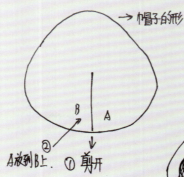

→帽子的形

B A
A放到B上。 ①剪开
②

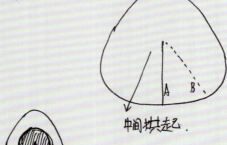

A B
中间拱起己

→剪洞.

陈宝珠　白无垢

左页：设计草图　　　右页：设计手册

吴译棋 DETACHABLE COLLAR

左页：设计草图　　　右页：实物

作为教师，建议推荐学生大胆地尝试概念性的设计，虽然可能在某个程度上相对缺少实用性，但这个课程的目的最终是让学生了解设计、体验设计、爱上设计，这对于打开学生思维模式会有很大的帮助。

非洲装飾帽
_體驗設計

africa

作者：沈睿琪 设计5班 指导老师：高鬼

手绘草图

设计灵感来源：瓦鲁羚羊面具

设计灵感来源：剑鱼面具

设计灵感来源：奇瓦拉羚羊头饰 马里

设计灵感来源：人形木雕

沈睿琪　非洲装饰帽概念设计

这是一组关于德国建筑物的系列设计，包括对德国篮球场与奔驰汽车的展厅设计。两组设计都可以完整地体现出学生所具备的调研能力、分析能力、动手制作能力与整合能力。

055

钟逸诚　德国篮球场概念设计

左页：设计手册　　右页：设计手册

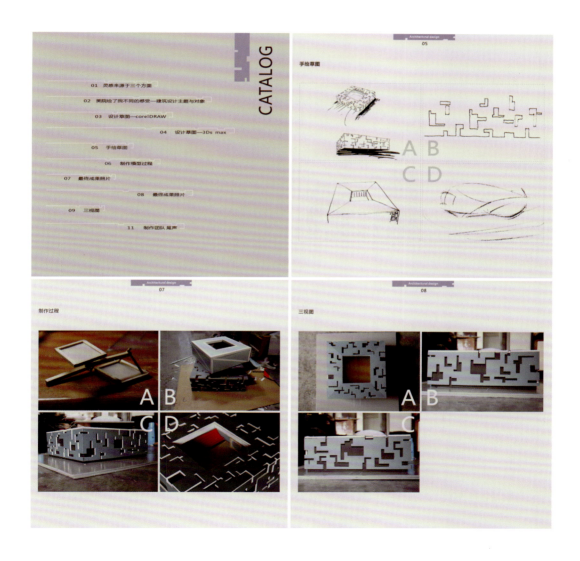

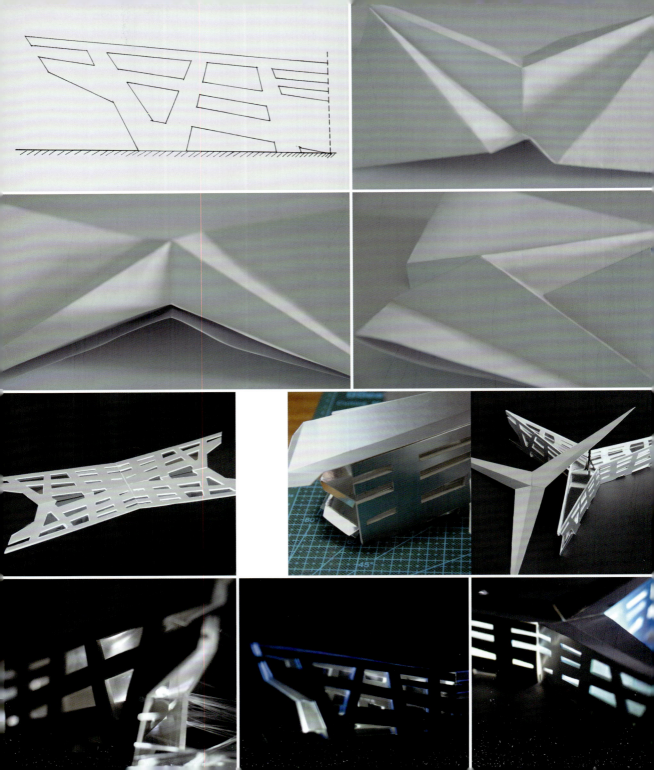

林炜鹏　梅赛德斯奔驰展厅

左上：创意与草稿　　右页：设计手册
左下：模型效果图

此类主题最重要的是学习做设计的过程。也就是在设计过程中感受设计师应具备的理性思维与逻辑分析能力。这需要学生在设计之初，针对自己的主题进行观察、分析、思考与定位。

这一次设计体验课，我们组的设计主题是日本，以提取日本元素为主进行设计，我的设计是从品牌出发，提取日本元素在自己的有限能力内做出一套VI设计。

刘茜 SAKURA SHOP 商店整体概念设计

● 设计主题

我作品是为一家名为 "SAKURA SHOP" 的商店设计的一套商品。品有名片、书签、明信片、橡皮章、撒章、杯子、零钱包、布袋、手提袋灯。
关于元素：日本的木刷娃娃形象是日本文化里比较有代表性的图案。

关于配色：我选择了以天然素材为主的浅褐色、茶色等朴素的色彩，之所以选择这样的颜色，是因为日本一向以极简设计风格为主，而且作为一个资源匮乏的国家，他们的环保理念也非常深入人心，这种稳重的配色亦能体现出简洁和环保的印象，同时因为我的设计里包含了手工的部分，加入了日本ZAKKA的元素，这种配色添加了温暖、统朴、亲近感以及统手工的感觉，与我的设计能很好地配合。

● 资料收集

● 市场调查

这一次课，我是以一家商店出发，小女孩的形象为LOGO，衍生出一系列商店的产品，为了有一套完整的作品，我特意去调查了有关VI设计I的资料，以及一些设计师的作品。

VI（视觉识别Visual Identity）以标志、标准字、标准色为核心展开的完整的、系统的视觉表达体系，将上述的企业理念、企业文化、服务内容、企业规范等抽象概念转换为具体记忆和可识别的形象符号，从而塑造出排他性的企业形象。VI的基本要素系统包括：企业名称、企业标志、企业造型、标准字、标准色、象征图案、宣抟口号等；应用系统包括：产品造型、办公用品、企业环境、交通工具、服装服饰、广告媒体、招牌、包装系统、公务礼品、陈列展示以及印刷出版物等。

在品牌营销的今天，没有一个设计对于一个现代企业来说，就意味着它的形象；就意味着它定于商海之中让人辨别不清。就意味着它是一个缺少灵魂的赚钱机，消费者对它毫无意念；就意味着团队的涣散和低落的士气；就意味着产品与服务老无个性。

在选择载体的过程中，作者做了很多尝试。这需要结合自己的品牌与定位，关注人们的生活行为方式，关注衣、食、住、行、赏、玩、游等方方面面，思考设计的五个 W——WHAT、WHO、WHEN、WHERE、WHY。

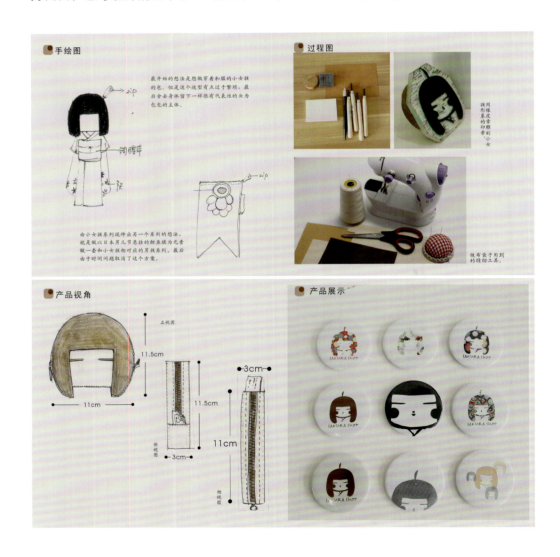

● 手绘图

最开始的想法是想做穿着和服的小女孩的包。但是这个造型有点过于繁琐，最后舍去身体留下一样很有代表性的头为包包的主体。

开腾莘

由小女孩系列延伸出另一个系列的想法，就是做以日本男儿节悬挂的鲤鱼旗为元素做一套和小女孩相对应的男孩系列。最后由于时间问题取消了这个方案。

● 过程图

插用橡皮章雕刻印章"小女

做布袋子用到的缝纫工具。

● 产品视角

正视图
11.5cm
11cm
俯视图
3cm
11.5cm
3cm
11cm
侧视图

● 产品展示

左页：设计手册　　　右页：设计手册

对于"设计体验"课程里的包装概念设计，最重要的还是让学生明白"设计为人民服务"的宗旨，并强调蛋糕盒在色彩与结构美观的同时，必须具备很强的实用性。

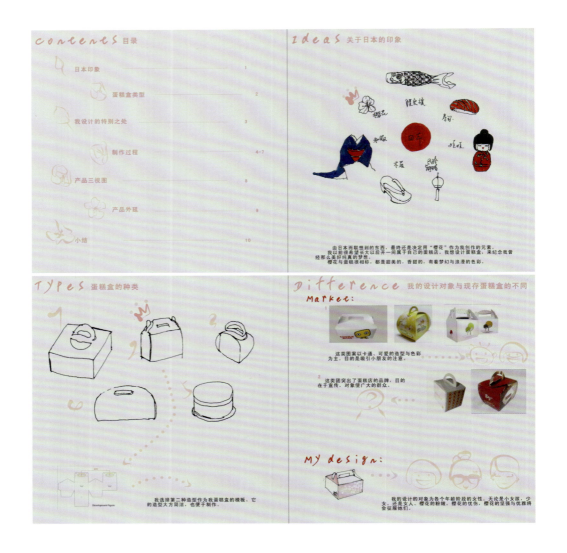

黄嘉楠　樱花蛋糕盒概念设计

这是一个把仙人掌图形化，并对其衍生产品进行设计的作品。这组作品从仙人掌这一元素中提取出几种几何形态。这种从自然形里面进一步提炼出以几何形象为基础的构成形式就是抽象形态的构成。

叶怡婷 仙人掌饰品架

左页：设计手册　　右页：设计手册

在形态演绎中，除了需要控制好点、线、面等设计元素，还需要学生对二维知识、材料运用，以及简单的平面图形概念有一定的了解。

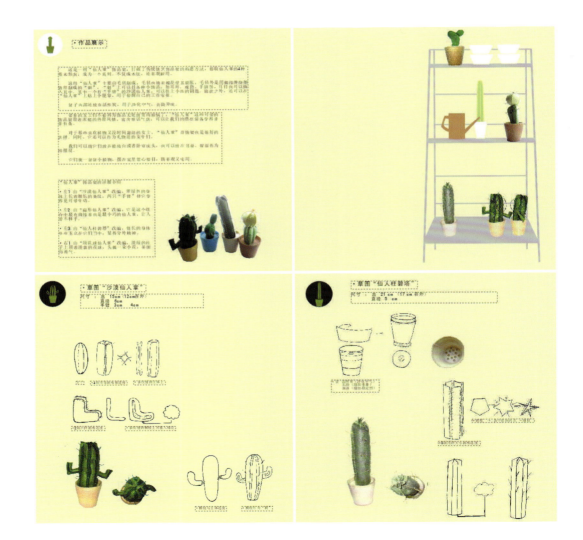

李嫣　仙人掌饰品架

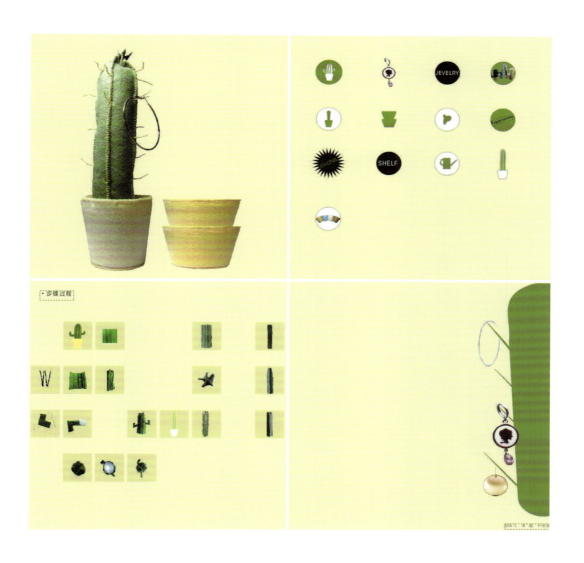

简单的工具，简单的材料，不简单的视觉效果——通过作品可以看出学生具备了观察生活，感受生活，从周围的生活中发现那些美的、有意义的形态或造型，并运用造型手段与二维形态组合的方法进行设计的能力。

曹晓润 门帘

左页：设计手册　　右页：实物

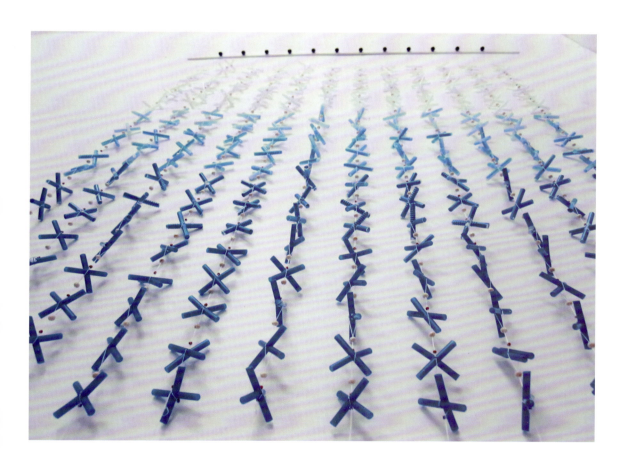

杨启璠　印度风情概念设计

左页：资料搜集　　　右页：设计手册

通过纸张层层叠加形成
调微缩包来用法国国旗
蓝,白,红,左盒里面运用法国建筑铁塔图 一故事卡片

① 收纳盒,可装回针,书签,味片

简化① ← 简化②

外: 高:3cm 见: 高:2cm
长:13cm   长:10cm
宽:8cm   宽:6cm

13cm 8cm 1cm 1.5cm

② 名片 插片
图形为方,可左右穿插
将平时最常用的名片插后便可一目了然,不用在书时去一一翻找

直径为10cm
厚度为2cm
凹槽1cm深
门凹槽可插1~2张

2cm 8cm 10.5cm 2cm 1.5cm 10.3cm 2-3cm 8cm 10.5cm
小刀 放橡胶

③ 电缆支架
系列迷你办公桌面架材
做底,根据线在处
支架来把把们至分可
高:3cm 长:13cm 宽:3cm

15cm 3cm 13cm

消用底圆造形,可用做丝的圆装
将剩余卡纸一层层
外观看起来像见层层

高度:10cm
长度:3~4cm
直径(宽度):5cm

⑤ 笔筒

④ 便签纸底底
便签纸
纸筒上的凹槽用来放笔,
将凹槽设计为成口,方便取笔

放笔槽
便签纸
缺口

芳表剂顶卷纸
长度:8cm 笔: 宽度:0.5cm
宽度:5cm   长度:不限

长度:10cm, 两边间距 1cm
宽度:8cm, 两边间距 1cm
高度:3cm, 夹厚 1cm

凹槽, 长度:6cm 宽度:1cm

消盒里面没法
方便便签纸的抽取
后一张也很方便

6cm 5cm 2cm 8cm 4cm 9cm 13cm
13cm 8cm 13cm

钱美岑　办公文具系列概念设计

左页：设计草图　　　右页：实物

FRANCE

"塔"借书板系列　概念方案设计

汤鑫洁　11艺5班　2012.05.15

　　本次的课程恰如其名"设计体验"，有幸体验了身为一名设计师的生活。刚开始的时候，小组成员确定了法国这个主题，这让我有些无所适从。最终确定了以各种塔为元素做借书牌。这是条漫长的路，确立、否定，确立、否定，不断循环……

　　简洁、大方是这个概念的最佳形式。使用的材料也都是极为简易的，PVC板、木块、喷漆、水粉颜料、502胶水、直尺、小刀、铅笔。这正是我们所追求的当代的绿色环保的新理念。

埃菲尔铁塔

哈利法塔

东京铁塔

大本钟

吉隆坡石油双塔

101大楼

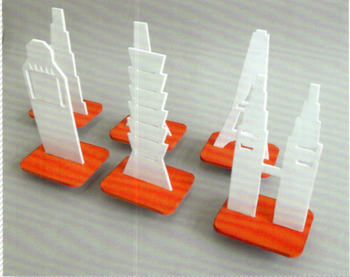

汤鑫洁　"塔"借书板系列设计方案

左页：方案的展示　　　右页：设计草图

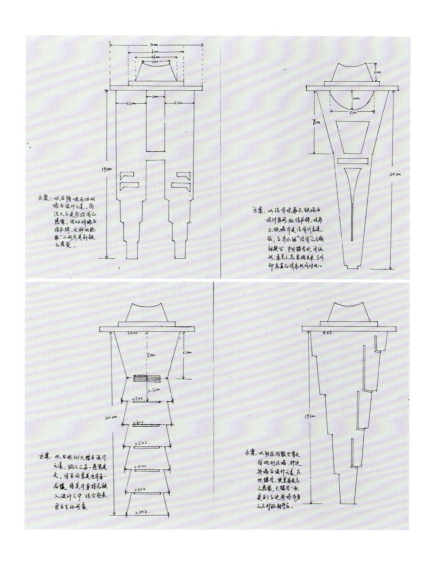

这组设计作品重点考虑的是人机工程学与产品的实用性。从作品里可以感受到一种发现生活、热爱生活的心态，保持这种心态，为我们今后的设计寻找新的素材尤为重要——设计源于生活！

叶佳卉 寝室收纳空间的充分利用

动手制作的能力，在这门课程中是需要学生具备的。从最初的观察、分析、思考、定位，到中期的表达、沟通、理论、经验，再到最后的设计实施，每个环节都应尽量完成。

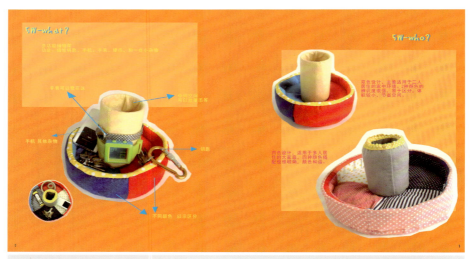

作品最终效果展示

葛杰　储物新时代　　　　　　　　　　　　　

唐婷婷　PEACOCK　PLUME 餐具设计

左上：资料搜集　　　右页：电脑设计稿
左下：设计草图　　　下页：实物

该作品打破了往日所见竹杯的普通形态，在充分保持原生态造型的基础上，赋予其一定的艺术感染力。既可单独使用，也可对其进行组合搭配，环保、现代！

竹杯

作者：乐伟龙
指导老师：高崝

以节果作陶艺材料，制出杯子的形态，来抽像一套茶具，有如竹节节气的杯为竹子起态，灵感来源于竹节

入心境由心转，生是由清静的随时随地只是，晒一杯清水也是可以品出

菩提本无树，明镜亦非台，本来无一物，何处惹尘埃

乐伟龙 竹杯概念设计

左页：设计手册　　右页：实物

利用红、蓝、白三种色纸，结合二维与三维课程所学习的骨骼关系与形态问题，对不同形状的镜子进行不同的设计装饰。

手绘

材料：纸卷　一圈一圈黏在上面

过程

材料：eva板　一点点折出褶皱，最后附上透明彩色卡板

麻绳

尼龙绳

需要利用木条制框，与麻绳编织，但麻绳材质较毛臊

赵亚晨 镜子系列概念设计

成品

产品外延

33cm

30cm

这是一个虚拟的，体现自由价值的概念设计。它所表达的是如何将一种内在的意识形态，通过一个外在的形式表露出来。

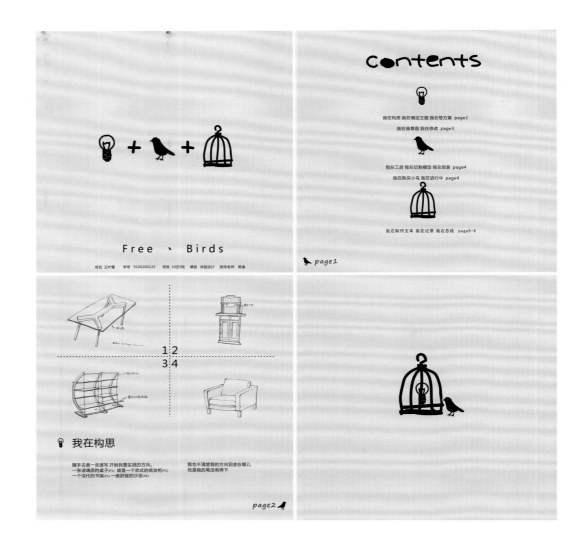

王叶蕾 FREE BIRDS

左页：设计手册　　　右页：实物

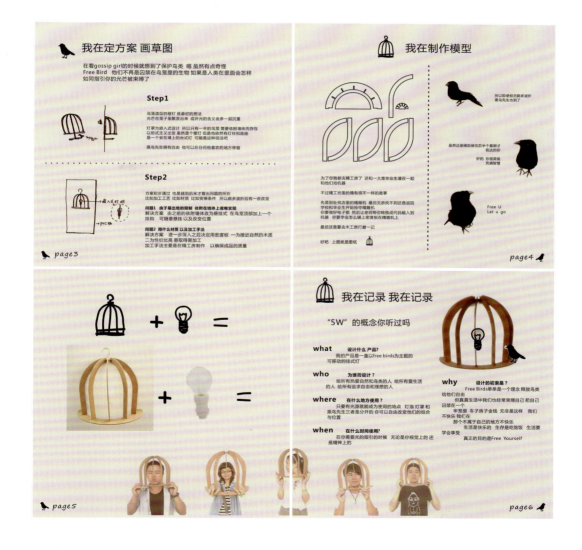

我在定方案 画草图

在看gossip girl的时候就想到了保护鸟类 嗯 虽然有点奇怪
Free Bird 他们不再是囚禁在鸟笼里的生物 如果是人类在里面会怎样
如同指引你的光芒被束缚了

Step1

鸟笼造型的壁灯 是最初的想法
光芒在笼子里散发出来 或许光的含义会多一层沉重

灯罩是嵌入式设计 所以只有一半的鸟笼 需要依附墙体而存在
以形式主义出发 虽然是整个壁灯 但是他依然有灯柱和底座
虽是个安在墙上的台式灯 可能是这种说法吧

黑鸟先生拥有自由 他可以在任何他喜欢的地方停留

Step2

方案初步通过 也是到后来才发出问题的所在
比如加工工艺 比如材质 比如安装条件 所以都多波折有一番改变
问题1 由于露出地的限制 依附在墙体上很难实现
解决方案 由之前的依附墙体改为悬挂式 在鸟笼顶部加上一个
挂钩 可随意悬挂 以及改变位置
问题2 用什么材质 以及加工手法
解决方案 进一步深入之后决定采用密度板 一为接近自然的木质
二为性价比高 易取得易加工
加工手法主要是在精工房制作 以确保成品的质量

page3

我在制作模型

为了你我都去精工房了 还有一大堆毕业生凑在一起
和他们抢机器

不过精工房里的确看很不一样的故事

先是到处找虫里的精磨机 最后无奈找不到还是返回
学校和毕业生开始抢空磨机
你要做好电了图 然后让老师帮转换成代码输入到
机器 你要学会怎么上锯上密度板在精磨机上

最后还是要去木工房打新一记

好吧 上图就是图纸

所以我要经历却多波折
黑鸟先生也到了

虽然这是模型做完却有个是巢才
概括的你

好的 你很英俊
充满智慧

Free U
Let u go

page4

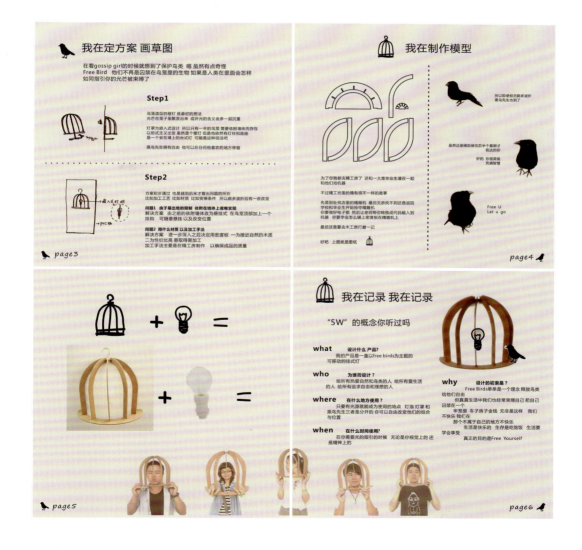

我在记录 我在记录

"5W" 的概念你听过吗

what 设计什么产品？
我的产品是一盏以free birds为主题的
可移动的挂式灯

who 为谁而设计？
给所有热爱自然和鸟类的人 给所有爱生活
的人 给所有追求自由和理想的人

where 在什么地方使用？
只要有光源就能成为生使用的地点 灯海灯罩和
黑鸟先生三者是分开的 你可以自由改变他们的组合
与位置

when 在什么时间使用？
在你需要光的指引的时候 无论是你视觉上的 还
是精神上的

why 设计的初衷是？
Free Birds单单是一个理念 释放鸟类
给他们自由
但真实生活中我们也经常束缚自己 把自己
囚禁在一个
毕竟里 车子房子金钱 无非是这样 我们
不快乐
那个不属于自己的地方不快乐
生活是快乐的 生存是靠施饭 生活要
学会享受
真正的目的是Free Yourself

page5

page6

OTHER CASES

其他案例

■ 民间美术

　　中国人民群众创作的，以美化环境、丰富民间风俗活动为目的，在日常生活中应用、流行的美术。

　　民间美术是组成各民族美术传统的重要因素，为一切美术形式的源泉。新石器时代的彩陶艺术，中国战国秦汉的石雕、陶俑、画像砖石，其造型、风格均具鲜明的民间艺术特色；魏晋后，士大夫贵族成为画坛的主导人，但大量的版画、年画、雕塑、壁画则以民间匠师为主，而流行于普通人民之中的剪纸刺绣、印染、服装缝制、风筝等更是直接来源于群众之手，并装饰、美化、丰富了社会生活，表达了人民群众的心理、愿望、信仰和道德观念，世代相沿且又不断创新、发展，成为富于民族乡土特色的优美艺术形式。

毕茹捷　关于民间美术的现代设计探索

设计理念：

　　随着社会的进步，中国传统文化却在逐渐遗失，人们追求时尚，不再过多地关注传统艺术。但是传统与现代的美不分伯仲，各有千秋，怎样才能将两者结合起来，既发扬中国传统艺术，又符合当今社会现代化的审美呢？将脸谱、年画中具有特色的形状或者颜色提取出来，加以改变，使其富有设计感，将传统与现代相结合，并且应用到包装中去，手绘成一系列套装。

脸谱

脸谱是中国戏曲演员脸上的绘画，用于舞台演出时的化妆造型艺术。脸谱对于不同的行当，情况不一。"生"、"旦"面部化妆简单，略施脂粉，叫俊扮素面、洁面。而"净行"与"丑行"面部绘画比较复杂，特别是净，都是重涂油彩的，图案复杂，因此称"花脸"。戏曲中的脸谱，主要指净的面部绘画。而丑因起扮演戏剧角色，故在鼻梁上抹一小块白粉，俗称小花脸。

大家看到的脸谱大致可以归纳为两大类，一类是工艺美术性脸谱。这类脸谱是作者根据自己的思维想象，在石膏材质的脸形上，用绘画，编织，刺绣等手法制作出形态各异，色彩图案变化多样的脸谱制品，这类脸谱具有一定的观赏价值。另一类是舞台实用脸谱。这类脸谱是根据剧情和剧中人物的需要，演员用夸张的手法在脸上勾画出不同颜色，不同图案和纹样的脸谱。

各种工艺品市场的柜台里，各种展览中都有京剧脸谱，法国巴黎的大游行中打头彩车上也是我们京剧脸谱以及新加坡的大街小巷在举办一些活动时也悬挂京剧脸谱；在我们日常生活中家庭装饰、火柴盒上、钥匙链上、扑克牌上、模特时装上、大街的雕塑上到处都是京剧脸谱。脸谱已作为我们中华民族文化的象征得到海内外人士的认可和欢迎。

脸谱

纹样提取并改编

脸谱

实物应用

年
画

年画

teresa's shop

spring festival

提取鱼的一部分作为基础纹样

teresa's shop

提取元素和颜色形式

脸谱

实物应用

实物

草图与正稿

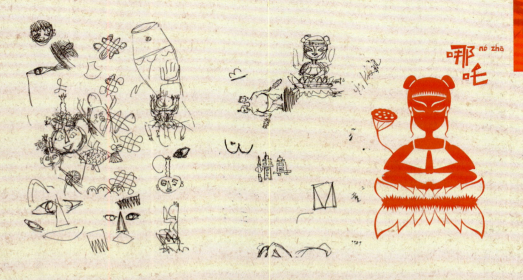

我的最初的想法就是做一个对称的，可以把纸对折用剪刀剪出来，很简单，但是很容易让人记住。但是最后为了使图形更活泼，现在，所以加了字体和莲蓬，让它们有所呼应。

剪纸图形的应用

陈文力　关于民间美术的现代设计探索

　　这个图形是在学习民间美术的课程上做的。从剪纸的角度出发，我认为最纯粹的剪纸应该是用剪刀剪出来、左右对称的，所以在这个点上开始发散思维，左右对称、单一颜色也是我在做这个图形之初的基本想法。草图展示的是从对最原始的剪纸图形进行研究到与"哪吒"这个人物结合的过程。最后为了不让图形过于呆板，我在图形的左右加了一点不对称的元素。之后把图形放在现代的产品上，让其能与现代生活更好地结合在一起。

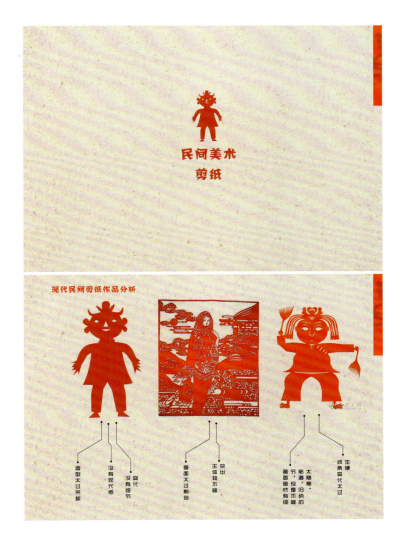

民间美术
脸谱

脸谱作品

崔子建：《紫金带》

苏宝童：《界牌关》

杨林：《打登州》

宇文成都：《南阳关》

司马师：《铁笼山》

贺天龙：《雁荡山》

夏侯渊：《定军山》

郭淮：《铁笼山》

邓艾：《坛山谷》

李元霸：《四平山》

安殿保：《独木关》

魏延：《战长沙》

草图与正稿

脸谱图形应用

民间美术
年画

现代民间年画分析

　　民间年画、门神，俗称"喜画"，旧时人们盛行于室内贴年画，户上贴门神，以祝愿新年吉庆，驱凶迎祥。每值岁末，城乡家家户户张贴年画、门神以及对联等。

　　民俗年画都是颜色特别生硬的，这符合乡村的喜好。门神造型也是特别凶狠。但是这并不符合现在都市生活的要求。

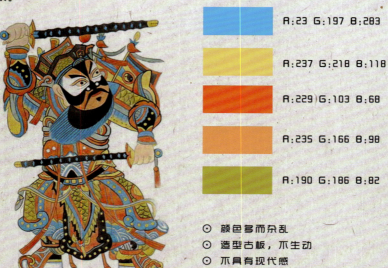

R:23 G:197 B:283

R:237 G:218 B:118

R:229 G:103 B:68

R:235 G:166 B:98

R:190 G:186 B:82

⊙ 颜色多而杂乱

⊙ 造型古板，不生动

⊙ 不具有现代感

提取与重构

　　我想用中西结合的手法来做，蝙蝠在中国有福的意思，所以我想到了美国漫画人物蝙蝠侠，而中国的这些个门神都是神通广大，所以我想用美国的超人来变现一下。

草稿与正稿

THE

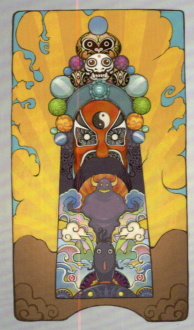

BEIJING
OPERA FACIAL
MAKEUP

07 应用

郭军正 关于民间美术的现代设计探索

这次民间美术课程作业是通过对中国传统民间的一些图案、纹样、工艺、材料等元素进行新的解构，探讨这些元素在现代设计中运用的可行性。在传统元素中发现新的方向，对其进行提炼与修改，使其符合现代审美标准，并能够融入设计作品中，让传统元素焕发新生。

剪纸
scissor-cut

剪纸，又叫刻纸、窗花或剪画。剪纸是一种
镂空艺术，其在视觉上给人以透空的感觉
和艺术享受。剪纸的内容很多，寓意很广，
从对剪纸的了解中，可以便捷地了解中国
民间美术的其它方面。剪纸的基本材料是
平面纸张，基本单元是线条和块面，基本
语言符号是装饰化的点、线、面，加上由
于受到材料的限制，剪纸不善于表现多层
次复杂的画面内容和光 剪纸一龙影效果及
物象的体积、深度和起伏，因此只有扬长
避短，在构图上采用平视构图，民间剪纸
用展开式的思维方式，极度的随心所欲。

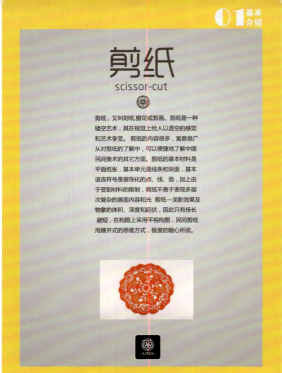

剪纸
scissor-cut

确定基本形

SHEEP

剪纸
scissor-cut

#02   #01

THE TRADITIONAL 文化 CULTURE OF CHINA
◎ NEW YEAR PICTURE ◎

. LOTUS .

08 基本
介绍

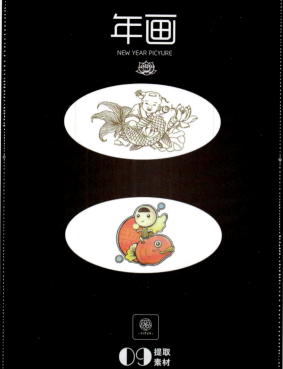

. LOTUS .

09 提取
素材

10 应用   . LOTUS .

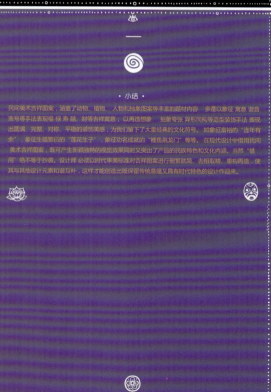

· 小结 ·

民间美术吉祥图案，涵盖了动物、植物、人物和抽象图案等丰富的题材内容 多是以象征 寓意 谐音 表号等手法表现福 禄 寿 喜，财等吉祥寓意；以再造想象 抽象夸张 异形同构等造型装饰手法 表现出圆满、完整、对称、平稳的装饰美感，为我们留下了大量经典的文化符号。如象征富裕的"连年有余"，象征生殖繁衍的"莲花生子"，象征功名成就的"鲤鱼跃龙门" 等等。在现代设计中借用民间美术吉祥图案，既可产生新颖独特的视觉效果同时又突出了产品的民族特色和文化内涵，当然"借用"绝不等于抄袭。设计师 必须以时代审美标准对吉祥图案进行繁就简、去粗取精、重构再造，使其与其他设计元素和谐互补，这样才能创造出既保留传统意蕴又具有时代特色的设计作品来。

1. 在外形上突破了传统脸谱的形状。
2. 颜色上用对比色使得颜色对比鲜明。
3. 五官造型更加夸张，表情丰富，充满现代感。

传统脸谱以云纹和水纹为原型。将不同的纹理涂在面部，颜色以白，
蓝，红，黄等为主。颜色和纹理能表现人物的形象和性格特征。一
般呈左右对称。以黑色勾勒出五官。造型大气庄重。

冯晓康 **关于民间美术的现代设计探索**

　　中国传统文化博大精深，民间美术更蕴含着巨大的宝藏。这组有关民间美术的设计通过提取中国民间美术——剪纸、年画、脸谱中的元素，进行重组和再创造，将传统美的法则现代化，并应用于现代装饰，使传统与现代相结合，东方与西方相结合。在设计中除了保留民间美术本来的样貌和形式以外，还通过色彩、造型、排列组合等表现方式的变化，赋予其现代的魅力。

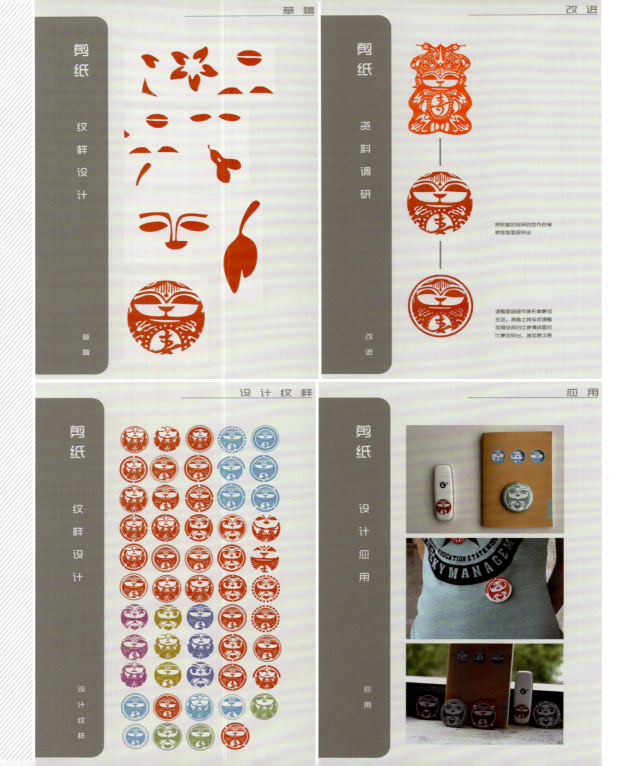

剪纸

纹样设计

草稿

剪纸

资料调研

把较零碎的地方去掉
使娃娃面部突出

调整面部细节使形象更加
生动,弱身上线与点调整
加强空间对比使得线面对
比更加突出,增加层次感

改进

剪纸

纹样设计

设计纹样

剪纸

设计应用

应用

张红军 关于民间美术的现代设计探索

现在的中国经济高速发展，人们的物质生活越来越好，可是我们总觉得少了什么，慢慢地我们发现了我们真正缺少的东西——自我。将现代感融入传统文化，既给传统文化注入生机与活力，又迎合了当下追求个性的时代风格。传统与现代结合到底会是怎样一番景象呢？这就是我的创意出发点——探索传统的现代化。将传统元素分解重组，再结合一定的载体以一定的形式呈现出来，使我们传统的设计作品焕然一新，重新得到人们重视。

邢清遥 关于民间美术的现代设计探索

这次课程作业主要是将现代设计与传统民间美术相结合。现代设计的表现形式和手法很多，民间美术亦有着深厚的传统积淀，种类繁多。剪纸、京剧脸谱、木雕、泥塑、纺织品等，难以数尽。我们需要做的是在传统元素中汲取精华，然后用现代设计形式表现出来，并在其中寻找乐趣。

小结 "高级人才"与"设计体验"课程

在当今的设计领域里，存在着被称为"高级人才"的人群。他们往往是指在该领域出类拔萃，或是有所建树的人。而"设计体验"这门课程的宗旨正是为培养"高级人才"奠定基石。

这里的"高级人才"指什么呢？据《始计篇》记载，"高级人才"要具备"三识、三性、四历、三足"。"三识"是胆识、见识、知识；"三性"是悟性、理性、耐性；"四历"是学历、经历、阅历、心历；"三足"是做人要知足，做事要知不足，做学问要不知足。在不同的领域，对其都有不同的诠释。那么在设计领域里的这类"高级人才"，应具备些什么呢？

我认为，对"高级人才"的培养，更多的是指一种标准与希望，在这门课程里可以很好地看到对这一"标准与希望"的追求。由教师与设计师这两个立场来看，我觉得"高级人才"应该具备以下几个方面：

一种理性。主要指一种思维理念。它代表着对规律、特点、相关事物进行总结、分析、概括的能力，以及始终清醒地保持着把握"度"的原则。对于优秀的设计师来讲，这是不可或缺的。简单来说，就是要拥有逻辑思维、分析事物的能力。而对于这一能力的培养，将贯穿课程的始终。

一种感性。在理性的背后，又是感性的。作为艺术类人才，要散发出青春与活力，张扬着激情与自信。若是缺少了这份感性，也就缺少了艺术的气息！这里要求教师尽量给学生充分发挥想象力的机会与相对自由的空间。

一种个性。作为"高级人才"，应该主动探索适合自己的风格，展现真实的自我，坚持原创，从而引领先进的文化潮流，开创不同的风格流派。

一种创新意识。不可否认，创新能力是 21 世纪知识与信息时代对人才培养的最基本要求。美国著名设计师保罗·兰德认为，没有创意，就没有设计！每次"设计体验"课程结课展览，最令人感到欣慰的，就是能够看到很多同学发自内心感受的、有灵性的，或是可以帮助我们解决一些生活小烦恼的设计作品。虽然很多想法显得稚嫩，但却实际、不花哨。

一种适应能力与沟通能力。在复杂多变的环境中，要有较强的分析问题和正确判断的能力，以及要懂得如何表达思想、沟通思想，并能够听取周围的各方面的信息和意见。我们都曾体会过，在设计过程中，客户、时间、方案等众多因素都存在很大的突变性。教师与学生的屡次沟通、设计制作的屡次尝试，也是一种慢慢学习与进步的过程。

一种态度。黑格尔说过："没有热情，世界上任何伟大事业都不会成功。"热情是做学问的驱动力。但是除了热情，还有一样很重要——认真、严谨！

一种眼、心、手的结合。它代表着众多能力的相互交织：敏锐的洞察力，逻辑的思维过程，大胆的创造性设计，等等，这是一种综合能力的体现。

"高级人才"的概念得到越来越多的认可，在这个发展趋势之下，"设计体验"课程经过几年的摸索与尝试，渐渐形成了一套比较完善的理念与思路：

在教学过程中，教师应鼓励学生选题宽泛自由。通过三周的课程，培养学生善于观察生活，从生活中，或从美的、有意味的艺术作品、成功的设计产品中，发现那些有意义的形态或造型，运用造型手段和二维形态组合的方法，进行设计思考与形态演化，使之转化成设计造型，并可由此发展为较为理想的、合理美观的产品造型，从而获得原创设计。

在教学形式上，"设计体验"以"快题"的形式展开，是艺术设计专业的学生在设计基础部首次接触与设计有直接关联的一门课程。所谓"快题"，是要求学生独自或在团队的合作下，在很短的时间内找出一项任务的关键部分，并从中得出用于设计的观念性结论。其目的是通过设计去发现、去创造、去尝试，并在这个过程中学会处理人与人之间、团队与团队之间、专业与专业之间的协作关系。

在教学目的上，"设计体验"这门课程希望能够培养学生的设计理念，并严格要求、一丝不苟地让学生学会如何理智地去看待事物、分析事物，如何理智地把思想整合。从最初的观察、分析、思考、定位，到中期的表达、沟通、归纳、理论、积累经验，再到最后的设计完成，一步步走过来，都是对"高级人才"基本能力的初步认知与学习能力的培养过程。

此外，该课程希望能够在不同的层面培养学生，使其在学习过程中认识到"高级人才"所具备的这些基本能力，并学会做设计的基本思路与方法。这是以往的教学所忽略的，也是大多数已毕业的学生所欠缺的。因此，只有当你深入地接触这门课程、了解这门课程的时候，才能看清它贯穿始终的灵魂——关于"理念"与"能力"的培养学习。我认为，该课程是具有课题化教学思考与探索价值的！

山东科技大学艺术与设计学院
王海涛

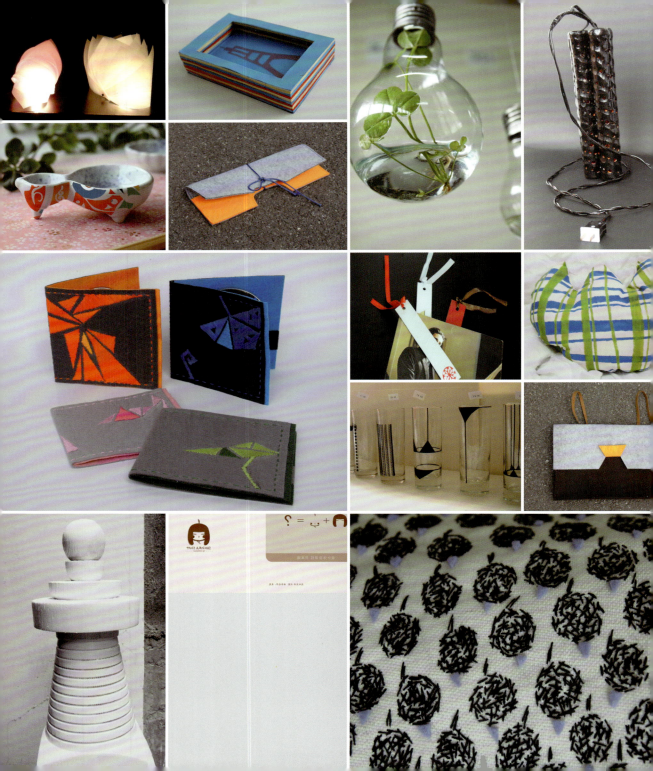

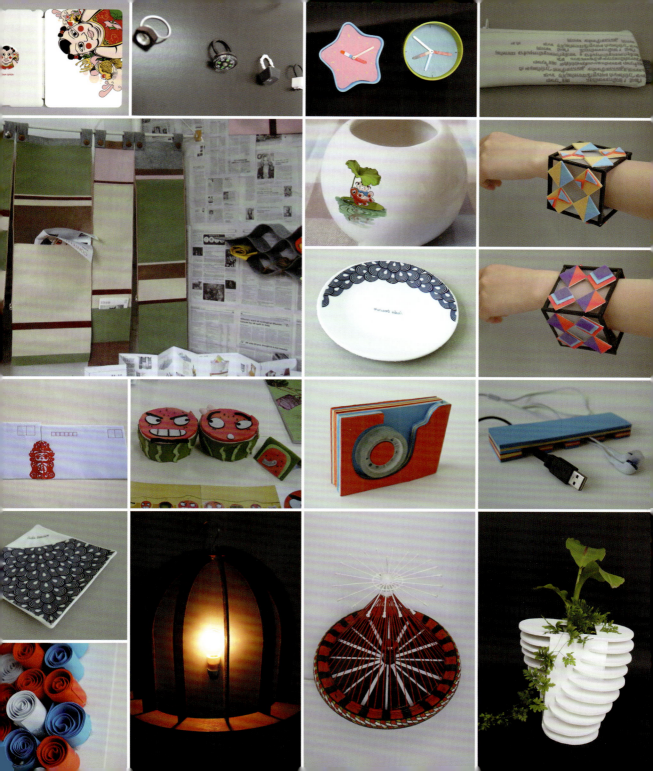

责任编辑:王　冰
责任校对:李思莹
封面设计:陈　莎　王海涛
责任印制:王　炜

图书在版编目(CIP)数据

设计体验 / 高崟，王海涛著. —成都：四川大学
出版社，2013.7
　(高等院校艺术设计精品课程丛书 / 高崟主编)
　ISBN 978－7－5614－6939－2

　Ⅰ.①设…　Ⅱ.①高…　②王…　Ⅲ.①设计学
－高等学校－教材　Ⅳ.①TB21

中国版本图书馆 CIP 数据核字（2013）第 154275 号

书名　设计体验
SHEJI TIYAN

著　　者　高　崟　王海涛
出　　版　四川大学出版社
地　　址　成都市一环路南一段 24 号 (610065)
发　　行　四川大学出版社
书　　号　ISBN 978－7－5614－6939－2
印　　刷　四川盛图彩色印刷有限公司
成品尺寸　185 mm×210 mm
印　　张　6
字　　数　100 千字
版　　次　2013 年 11 月第 1 版
印　　次　2013 年 11 月第 1 次印刷
定　　价　30.00 元

◆读者邮购本书，请与本社发行科联系。
　电话:(028)85408408/(028)85401670/
　(028)85408023　邮政编码:610065
◆本社图书如有印装质量问题,请
　寄回出版社调换。
◆网址:http://www.scup.cn

版权所有◆侵权必究